U0315832

给水排水管道非开挖修复施工指导丛书

紫外光固化修复法
施工操作手册

赵继成　主编

北　京
冶金工业出版社
2022

内 容 提 要

本书介绍了紫外光固化法修复给水排水管道的工艺原理、操作流程、设备操作要求、人员管理要求、设备维修养护要求等内容，配以大量实物图片及设备组成细节描述，并在设备操作说明中增加了操作过程记录要求、重要控制参数及设备维护保养等内容，强调了工艺设备操作流程化、标准化和规范化的"三化"要求。本书旨在通过总结紫外光固化法修复给水排水管道工程的施工技术及管理方法，对该技术的操作应用进行规范化指导，以提高操作人员对设备认知度，优化施工工艺，促进施工质量及管理水平的提升。

本书可供广大管道非开挖修复及相关建设施工行业的从业人员阅读。

图书在版编目（CIP）数据

紫外光固化修复法施工操作手册／赵继成主编． —北京：冶金工业出版社，2022.3

（给水排水管道非开挖修复施工指导丛书）

ISBN 978-7-5024-9086-7

Ⅰ.①紫… Ⅱ.①赵… Ⅲ.①给排水系统—管道维修—光固化涂料—手册 ②给排水系统—管道维修—光固化涂料—手册 Ⅳ.① TU991.36-62 ② TU992.23-62 ③ TQ637.83-62

中国版本图书馆 CIP 数据核字（2022）第 050405 号

紫外光固化修复法施工操作手册

出版发行	冶金工业出版社	**电　话**	（010）64027926
地　　址	北京市东城区嵩祝院北巷 39 号	**邮　编**	100009
网　　址	www.mip1953.com	**电子信箱**	service@mip1953.com

责任编辑　曾　媛　美术编辑　彭子赫　版式设计　彭子赫
责任校对　石　静　责任印制　李玉山
北京博海升彩色印刷有限公司印刷
2022 年 3 月第 1 版，2022 年 3 月第 1 次印刷
880mm×1230mm　1/32；3 印张；67 千字；79 页
定价 **55.00** 元

投稿电话　（010）64027932　投稿信箱　tougao@cnmip.com.cn
营销中心电话　（010）64044283
冶金工业出版社天猫旗舰店　yjgycbs.tmall.com
（本书如有印装质量问题，本社营销中心负责退换）

主　　编：赵继成

编　　委（按姓氏拼音字母排序）：

陈　芳　杜晓明　吉乃晋　孔　非

刘　超　王远峰　修广雷　郑洪标

参编单位：北京北排建设有限公司

萨泰克斯管道修复技术（平湖）有限公司

武汉中仪物联技术股份有限公司

英普瑞格管道修复技术（苏州）有限公司

安徽普洛兰管道修复技术有限公司

前　　言

城镇地下给水排水管网系统是城市的重要基础设施，地下管网能否正常运行，不仅事关人民群众的生命财产安全，也影响着城市的发展。

城镇地下管网漏损问题是世界性难题，而对由管网漏损导致的城市内涝、黑臭水体等"城市病"的治理更是城市管理者的重点工作。在习近平总书记提出的"节水优先、空间均衡、系统治理、两手发力"治水方略的指引下，坚持统筹发展和安全，将城市作为有机生命体，根据建设海绵城市、韧性城市要求，因地制宜、因城施策，用统筹方式、系统方法解决城市内涝问题，提升城市防洪排涝能力，能够为维护人民群众生命财产安全、促进经济社会持续健康发展提供有力支撑。

改造易造成积水内涝问题的混错接雨污水管网、修复破损和功能失效的排水防涝设施，是系统建设城市排水防涝工程体系的重要举措。为了修复破损管网、保证地下管网设施的正常运行，国内管道修复行业在充分吸收国外技术的基础上，开发了多种非开挖管道修复技术。

非开挖技术具有开挖量小、环境影响小、施工速度快和费用低等优点，在城镇地下管网修复领域推广中具有得天独厚的优势。随着在地下管网修复领域的广泛应用，该技术也得到了不断创新和优化。

为了提升一线操作人员的技术水平，提升非开挖管道修复工程的施工质量，保障施工中的安全，北京北排建设有限公司选取了目前行业内较为常用的几种非开挖管道修复技术，编制成《给水排水管道非开挖修复施工指导丛书》，以供行业内技术人员和设备操作人员培训与自学使用。

本册为《紫外光固化修复法施工操作手册》，介绍了紫外光固化法修复时用到的设备和材料，详细阐述了工艺操作步骤及操作要求，总结了设备保养与维修方法，列出了常见问题并给出了对应的处理措施。

鉴于时间仓促和编者水平所限，疏漏之处在所难免，望读者不吝赐教，及时将宝贵建议反馈给本书编委，以便再版时更正或补充，不胜感激。

作　者

2021 年 11 月

目　　录

1 绪 论

1.1 紫外光固化修复法工艺原理

地下管道非开挖修复方法中，在原管道内部衬入一个新的内衬管是最常用的方法，但制作内衬管的方式却有很大不同。

将一个新的浸满树脂的软管置入到原管道内，并使之在现场固化为硬管的方法，称为原位固化法。固化后的内衬管简称为CIPP，英文全称是 Cured-in-place pipe。

软管固化为硬管的方式有紫外光固化、热水固化、热蒸汽固化、蓝光固化、LED 灯固化、常温固化等。

其中，紫外光固化是最重要的一种方式。由紫外光固化形成的内衬管简称为 UV-CIPP。这是本书讨论的主要内容，其工艺原理如图 1-1 所示。

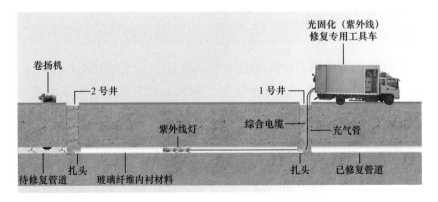

图 1-1 紫外光固化法管道修复原理

1.2　特点

紫外光固化法管道修复技术的主要优点有：

（1）环保性好：开挖量极小，扰民程度非常低。

（2）工期短：紫外光固化速度快，工程周期短。

（3）断面损失小：固化内衬管紧贴原管壁，新旧管道间无间隙，管道断面收缩不大。

（4）适用性强：几乎适用于任何断面形状的管道。

（5）强度高：固化后内衬管的强度高，可用于管道结构性修复。

（6）过流量大：紫外光固化的内衬管连续且内壁光滑，可以改善水流状态，提高原管道的输送能力。

（7）寿命长：紫外光固化修复后的管道使用寿命可达50年。

（8）质量可控性好：紫外光固化设备集成度高、自动化程度高，修复全过程可视、可控，可记录整个施工过程中详细数据和视频资料，施工工艺和工程质量可得到有效保证。

1.3　适用范围

目前，国内的紫外光固化法管道修复技术适用于以下情况：

（1）管道类型：适用于给水、排水、再生水和燃气等管道的修复。

（2）管道截面形状：适用于圆形、卵形、椭圆形、矩形等截面形状管道的修复。

（3）工法特性：可对缺陷管道进行结构性、半结构性和功能性修复。

（4）管径：适用于 DN150~DN2000mm 非压力管道的修复，以及 DN300~DN1400mm 压力管道的修复，尤其适合修复管径小、人员无法进入的管道。

（5）单次修复长度：可达 300m。

（6）弯曲性：适用于含弯曲段管道（允许转角≤20°）或变径管道的修复。

1.4　相关规范

在施工中，关于紫外光固化法的技术要求可查阅以下规范：

• CJJ/T 210—2014《城镇排水管道非开挖修复更新工程技术规程》；

• CJJ/T 244—2016《城镇给水管道非开挖修复更新工程技术规程》；

• T/CECS 559—2018《给水排水管道原位固化法修复工程技术规程》；

• T/CECS 717—2020《城镇排水管道非开挖修复工程施工及验收规程》。

2 设备与机具

紫外光固化修复法用到的主要设备与机具有：固化控制柜、发电机组、高压风机、紫外光灯组、辅助设备等。

2.1 固化控制柜

固化控制柜集成了能够统一显示紫外光固化过程中相关工艺参数的显示屏、控制固化过程的执行元件与控制按钮。

固化控制柜一般集成在一个车厢中或集装箱中，其组成如图2-1 所示。

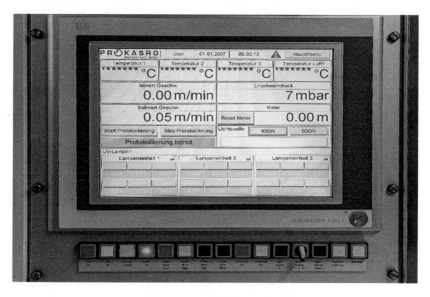

图 2-1　固化控制柜示例

2.1.1　测量部分

固化控制柜能够测量的主要参数有温度、压力、牵引巡航速度和距离等。

温度传感器安装在灯架上。施工时会用到两个灯架，其中一个灯架的头部和尾部各安装有一个传感器，而另一个灯架则在其中间位置装有一个传感器。各温度传感器测得的温度值显示在屏幕的上部区域。

压力传感器安装在扎头上的进气口管端，管内的充气压力数据显示在屏幕的右侧区域。

牵引巡航速度传感器和距离传感器都安装在电缆卷盘上，相关参数显示在屏幕的中部区域。

通过控制柜上的采集、记录按钮可以对控制柜屏幕上显示的所有信息进行记录。开始记录数据时，区域（Protocol ready）会显示为黄色，结束记录时该区域会显示为绿色。

2.1.2　控制部分

固化控制柜主要控制牵引巡航速度、紫外固化灯的开启或关闭、灯组张合等。

2.2　发电机组

发电机组用于为现场施工设备和机具提供电源，现场施工设备和机具主要包括紫外光固化车、卷扬机、高压风机等。

发电机组主要由柴油机、发电机和控制系统组成，如图2-2所示。

图 2-2　发电机组

选择发电机组时，要注意发电机组功率应大于施工所用的各设备额定功率之和。目前国内常用的发电机组功率一般在 30~50kW。

2.3　高压风机

施工时需要高压风机提供压缩空气，通过风管将压缩空气输送至湿软管内部，使湿软管鼓胀、与原管道内壁紧密贴合在一起，为紫外光灯组在软管内部的行走创造条件。高压风机一般单独放置，如图 2-3 所示。

图 2-3 高压风机

注意：在湿软管与原管道紧密贴合后，应通过高压风机控制管道内的气压，使其数值达到规定的工作压力值并保持稳定，直到光固化过程完成并达到卸压条件后，再停止向管道内通气。

2.4 紫外光灯组

在内衬软管内拉入紫外光灯组后，紫外光灯组发出高强度紫外光，诱发软管中携带的光敏树脂产生活性自由基，从而引发聚合、交联和接枝反应，使树脂在数秒内由液态转化为固态。

紫外光灯组如图 2-4 所示，由灯泡、保护架、连接环、摄像头组成。其张合度、牵引速度和开启／关闭均由控制柜控制。灯架的直径和数量应根据施工时的实际情况通过人工进行选择。

图 2-4　紫外光灯组

　　小型灯组适用于 DN150~DN600mm 管道的紫外光固化修复，中大型灯组适用于 DN700~DN2300mm 管道的紫外光固化修复。

　　选择排水管道修复用紫外光固化灯组时可参考附表 1，选择给水管道修复用紫外光固化灯组时可参考附表 2。

2.5　辅助设备

　　为配合紫外光固化施工，还需要一些辅助机具，如扎头、牵引设备、下料架、切割设备等。

2.5.1　扎头

　　扎头是用来密封软管的端部接头，为充风管和电缆线提供接口，同时保证管道内部在充气状态下的密封，扎头外观形式如图 2-5 所示。在固化过程中，扎头被绑扎固定在紫外光固化材料的两端，以保障软管内的气压能够达到固化标准数值。

图 2-5 扎头

2.5.2 牵引设备

在原管道内拉入衬底材料或软管时，通常使用卷扬机（图 2-6）作为牵引设备，将材料从管道的一端牵引至另一端。应根据紫外光固化材料的重量选择合适的牵引设备，选择标准为卷扬机能够顺利地将内衬软管从始发井牵引至目标井。卷扬机的最大牵引力应有一定的安全储备，应能满足管段修复时轻松拖入材料的需要。在实际操作过程中，不同管段所需的最大牵引力应由计算确定，且不得大于内衬软管允许的最大牵引力，否则应在软管前端的牵引连接处设置弱连接保护装置，当牵引力大于设定的安全牵引力时，将牵引钢丝绳与内衬软管断开，以避免软管出现破损。

图 2-6   卷扬机

2.5.3   下料架

在铺设材料过程中需要将下料架（图 2-7）放置在井口，以避免材料与地面、井圈的摩擦，防止材料破损。

图 2-7   下料架

2.5.4　切割设备

切割设备用于切除固化管连接后的多余部分。在井下作业时为了防止触电，通常选用气动切割机并采用无齿锯片来进行切除作业。常用的切割设备为切割锯，如图 2-8 所示。

图 2-8　切割设备

3 材　料

3.1　材料结构组成

紫外光固化修复内衬材料由紫外线保护膜、外膜、树脂、ECR 玻璃纤维、内膜和替换绳六部分组成。由于适用的管道类型和生产厂家不同，相应的紫外光固化材料也会有所不同。

下面分别介绍适用于排水管道和给水管道的紫外光固化材料。

3.1.1　排水管道紫外光固化内衬软管

目前北排建设公司在用的紫外光固化材料分别来自萨泰克斯、普洛兰和英普瑞格等厂家。

3.1.1.1　萨泰克斯内衬软管

萨泰克斯紫外光固化材料固化前的内衬软管结构如图 3-1 所示，由内膜、ECR 玻璃纤维织物层、外膜和保护膜组成。

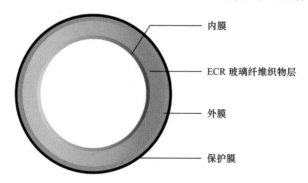

图 3-1　萨泰克斯紫外光固化内衬软管

各结构层的作用是：内膜用来防止树脂流向软管内部；ECR玻璃纤维织物层用于固化后起到增强结构的作用；外膜用来防止树脂流向软管外部；最外层的保护膜在储存与运输期间起到防止因紫外线照射而意外产生光敏反应的作用，在软管拉入待修管道期间起到防止摩擦损伤的作用。

3.1.1.2　普洛兰内衬软管

普洛兰紫外光固化内衬软管由内膜、玻璃纤维树脂层、外毡和保护膜组成，如图 3-2 所示。

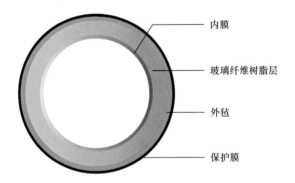

内膜

玻璃纤维树脂层

外毡

保护膜

图 3-2　普洛兰紫外光固化内衬软管

各层的作用是：内膜用来防止树脂流向软管内部；玻璃纤维树脂层用于固化后起增强结构的作用；外毡用来防止树脂流向软管外部；最外层的保护膜在防紫外线照射的同时也起到防止拉入损伤的作用。

3.1.1.3　英普瑞格内衬软管

英普瑞格紫外光固化内衬软管的结构如图 3-3 所示，由内到外分别是内膜层、承载层、承载层重叠区、外膜层重叠区和外膜层。

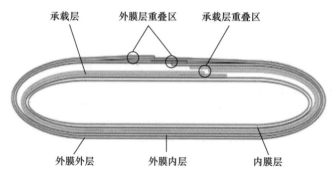

图 3-3　英普瑞格紫外光固化内衬软管

各层的作用是：内膜层和外膜层重叠区起到防止树脂外流的功能；承载层和承载层重叠区用来增强软管固化后的结构承载能力；外膜层则用于防止紫外线照射和拉入时的损伤。

3.1.2　给水管道紫外光固化内衬软管

用于给水管道的萨泰克斯紫外光固化修复内衬软管的结构如图 3-4 所示，由内到外分别是内膜（PE 材料）、ECR 玻璃纤维双层构造层、外膜和保护膜。

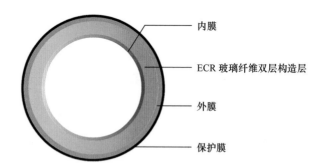

图 3-4　萨泰克斯紫外光固化内衬软管

各层的作用是：内膜和外膜用来防止树脂外流；ECR 玻璃纤维织物双层构造用于起到增强结构的作用；保护膜用于阻止紫外

线照射和拉入时对软管的摩擦损伤。

对比图 3-1 可知，适用于给水管道和排水管道的紫外光固化修复软管的结构形式和材料都大致相同，区别在于所用的树脂不同。用于给水管道修复的树脂必须达到饮用水标准的要求，而用于排水管道修复用的树脂则不必达到这样高的要求，只要满足排水管道修复规范的要求即可。

3.2　材料储存与运输

材料的运输和储存温度宜保持在 7~25℃。

如果材料在运输和储存时能够避免日光或强光源长时间的直接照射，就可以在不受环境温度影响的情况下实现 6 个月的保质期。

如果想要使材料获得超过 6 个月的保质期，就需要在运输、储存材料时避免日光或强光源长时间的直接照射，同时使储运温度保持在 7~18℃。

3.3　材料准备

在工程施工前，应在现场对原管道进行数据测量，明确待修复管道的内径、长度、类型，并估算出修复所需的材料尺寸、长度和用量。

施工开始前从库房取料时，技术人员应检查材料的合格证、出厂日期，观察材料外观是否有破损、漏胶、硬化等现象。如果材料过期，或没有合格证，或存有破损、漏胶、硬化等缺陷，则不得使用。

当材料通过检查后，应由技术人员根据现场所需长度对其进行切割并整齐叠放至专用运输设备内进行运输。

如果在取料或施工过程中发现材料有问题，应立即停止施工，并将材料带回，然后联系材料厂商更换材料。

3.4　余料处理

库房过期材料应在废料区整齐放置，施工完成后带回的切割后余料应放置在余料区集中统一处理，以防污染环境。

4 操 作

4.1 工艺流程

给水排水管道紫外光固化施工的工艺流程如图 4-1 所示。

施工准备 → 管道封堵与导水 → 工作井准备 → 管道预处理 → 预处理质量检测 → 铺设底膜 → 拉入内衬软管 → 紫外光固化 → 端头处理 → 检测验收 → 恢复通水

图 4-1　给水排水管道紫外光固化工艺流程

4.2 工作井准备

4.2.1 排水管线工作井

待修复管道的直径为 DN150~DN1500mm 时，紫外光固化中用到的工具可以从现有检查井顺利进出。当待修复管道的直径为 DN1500mm 以上时，扎头无法从现有的检查井通过，需要将检查井的井筒部分拆除。

4.2.2 给水管线工作井

对给水管线进行修复施工需要设置两座工作井，地面开槽面积的计算公式为：

地面开槽面积 =（现场取样长度 + 施工操作空间 +
　　　　　　　扎头绑扎长度 + 焊接法兰长度）×
　　　　　　　（现况管线管径 + 现况管线两侧操作空间 +
　　　　　　　下挖放坡俯视投影宽度）

4.3　预处理效果检测

将内衬软管拖入原管道内之前，应使用 CCTV 电视检测等方法检查原管道内部的处理效果，达到以下要求后才能继续施工：

（1）经预处理后的原管道内应无沉积物、垃圾及其他障碍物，不应有渗水现象及影响施工的积水。

（2）原管道内表面应洁净、没有影响内衬管拖入的附着物、尖锐毛刺和凸起等问题。

（3）原管道变形、破坏严重或接头错位严重的部位，应按批准的施工组织设计进行了预处理。

4.4　底膜及软管铺设

在使用 CCTV 电视检测对预处理效果进行检查并确认预处理效果合格后，使用绳子把卷扬机钢丝绳与底膜拴在一起并安装万向轮，将底膜从井段的一端拉至另一端（图 4-2）。

图 4-2　铺设底膜

在钢丝绳与万向轮的连接完成后，使用钢丝绳拴住内衬软管，将其慢慢拉至管段的另一端（图4-3）。注意，在材料的铺设过程中要做到材料不扭、不折、不刮，使内衬管平整地进入管道。

图4-3 铺设内衬软管

4.5 启动发电机

启动发电机的操作因工程修复车的品牌和型号不同会略有差异。

4.5.1 启动萨泰克斯或普洛兰紫外光固化工程车的发电机

萨泰克斯或普洛兰紫外光固化工程车的外观如图4-4所示。

图 4-4　紫外光固化工程车

　　萨泰克斯或普洛兰紫外光固化工程车的发电机位于车身的位置，如图 4-5 所示，发电机操作面板如图 4-6 所示。

图 4-5　发电机位于车身的位置

油量

电源开关

照明开关

挡位

启动钥匙

图 4-6 发电机操作面板

萨泰克斯或普洛兰紫外光固化工程车发电机启动流程为：

（1）打开工程车后车门及发电机舱侧门，确保整车通风效果良好，避免因发电机过热导致发电机熄火而影响施工。

（2）操作人员从车尾部的步梯进入操作舱，从操作舱打开发电机舱门、百叶窗，打开后确保发电机组正常运行。

（3）操作员从车尾部沿步梯进入发电机舱，打开发电机面板的密封门，插入启动钥匙，将钥匙向右轻拧接通发电机电源，再次向右拧动打火直至发电机启动，间隔几秒待数据稳定后由左向右推动挡位调至高速；数据重新稳定后将发电机电源开关向上合闸，接通设备电源。

4.5.2 启动武汉中仪紫外光固化工程车的发电机

武汉中仪紫外光固化工程车的外观如图 4-7 所示，发电机舱的外观如图 4-8 所示，发电机操作平台如图 4-9 所示。

武汉中仪紫外光固化工程车发电机的启动流程如下：

（1）打开工程车后车门及发电机舱侧门，确保整车通风效果

图 4-7　武汉中仪紫外光固化工程车

图 4-8　武汉中仪紫外光固化工程车发电机舱

图 4-9 武汉中仪紫外光固化工程车发电机操作平台

良好，避免因发电机过热导致发电机熄火而影响施工。

（2）操作人员从车尾部的楼梯进入操作舱，从操作舱打开发电机舱门。

（3）开启发电机，旋转启动开关到运行挡，10 秒后，将旋转开关开到启动挡。等待 30 秒，观察电压表指针稳定在 380V 后，拨动断路器到 ON 挡。

4.6 灯架连接

施工时要根据待修复管道的情况选择合适的紫外光灯组。注意，用于给水管道修复的紫外光固化灯组需要在施工前进行消毒。

4.6.1 小型灯组连接

4.6.1.1 设备型号：萨泰克斯、普洛兰

根据待修复管道内衬软管管径的大小来选择对应尺寸的紫外

灯灯腿。安装灯腿时应使其折弯处背对紫外光（UV）灯泡方向，以免阻挡紫外光。安装 UV 灯泡时应注意将两极一大一小接线柱插到位后，将固定弹簧顶到 UV 灯泡头部。在灯组安装过程中，务必先安装灯腿，再安装 UV 灯泡，以防损坏灯泡。安装过程如图 4-10 所示。

紫外灯腿

紫外灯架

紫外灯插头

紫外灯插座

图 4-10　萨泰克斯和普洛兰的小型灯组安装

4.6.1.2　设备型号：武汉中仪

武汉中仪灯架的后置摄像头处配有航空插座，可与传输电缆上的航空插头连接；灯架与灯架之间通过灯架连接件 1 连接，灯架支撑臂 2 通过调节锁紧螺母 3 来伸缩以适应 DN200~DN600mm 之间不同的管径。安装过程如图 4-11 所示。

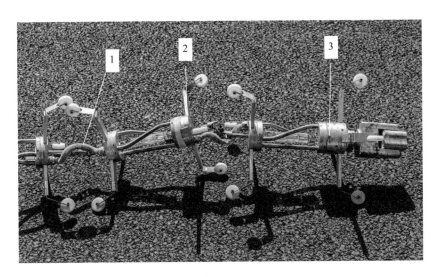

图 4-11 武汉中仪的小型灯组安装

1—灯架连接件；2—灯架支撑臂；3—固定螺丝

4.6.2 中大型灯组连接

4.6.2.1 设备型号：萨泰克斯、普洛兰

根据固化管径的大小，通过手拧螺丝调节限位块的位置（图 4-12），测量对应尺寸的灯腿直径。连接好中间连接线，接通综合电缆，测试灯架 1 和灯架 2 的同时开合状态，达到一致后，安装 UV 灯泡，用顶灯装置的弹簧顶住 UV 灯泡头部后即安装到位（图 4-13 和图 4-14）。

4.6.2.2 设备型号：武汉中仪

如图 4-15 所示，武汉中仪的灯架中含有航空插座 2，可通过它与传输电缆上的航空插头连接；灯架与灯架之间通过灯架连接件 1 连接，灯架支撑臂 3 的电机能够自动伸缩，以适应 DN600~DN1600mm 的管径。

图 4-12　灯架限位开关

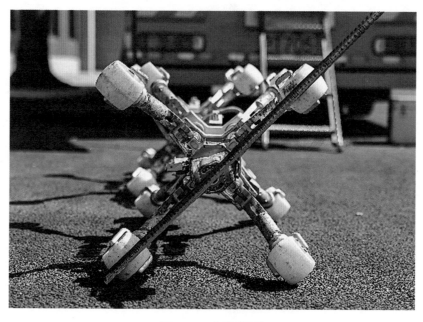

图 4-13　灯架调节

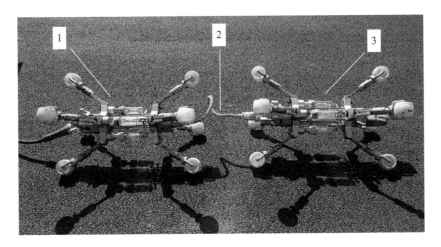

图 4-14 萨泰克斯和普洛兰的中大型灯组安装

1—灯架 1；2—中间连接线；3—灯架 2

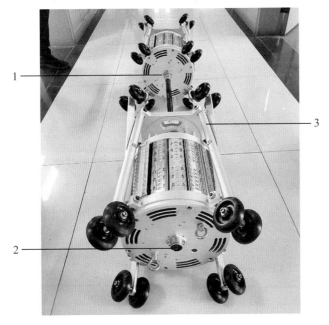

图 4-15 武汉中仪的大型灯组安装

1—灯架连接件；2—航空插座；3—灯架支撑臂

4.6.3 摄像设备安装

摄像设备安装前先查看摄像头固定螺丝是否松开，把摄像头插针公头的母定位孔与母头上对应的公定位轴对齐，向下压，并轻微旋转摄像头，到定位不能旋动时，证明摄像头已安装到位。再拧紧摄像头的各个固定螺丝，摄像设备即安装完毕。

然后打开摄像头系统开关，通过显示屏确认摄像头是否安装到位。

旋转灯光调节按钮，确定摄像头亮度，查看摄像头各方向旋转情况，确保摄像头旋转功能正常。

最后按复位按钮，使摄像头归位，如图4-16所示。

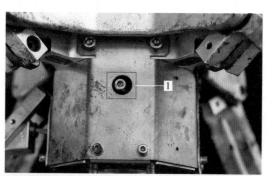

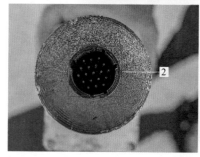 

图4-16 灯组与摄像设备安装

1—固定螺丝；2—摄像头插针公头；3—摄像头插针母头

4.6.4 综合电缆安装

综合电缆连接灯架时，应将图 4-17 红色方框内的电缆插针公头和母头对准，待明显感觉插针进入之后再旋转外部固定圈，当听到"咔嗒"声音时，说明已经到位，连接牢固，如图 4-17 所示。

图 4-17 灯组综合电缆连接

4.7 扎头及风管连接

修复给水管道时，在捆绑扎头前需要在待修管道管口内壁涂刷宽 100mm、厚 3mm 的 CarboLan 黑胶，如图 4-18 所示。

图 4-18 CarboLan 黑胶

4.7.1   萨泰克斯和普洛兰的扎头及风管连接

将扎头一端的闷盖盖好，确保密封良好。检查小黄绳和过线白块是否固定到位，如图 4-19 所示。

图 4-19   萨泰克斯和普洛兰的扎头风管连接

1—进风管；2—测压管；3—过载白块；4—小黄绳；5—闷盖

扎头的另一端连接进风管和测压管。将进风管连接到设备之前应将折弯处拉直，连接处位于线缆盘下方。压力接风管连接在线缆盘正面，连通处有显示压力的压力表，如图 4-20 所示。

图 4-20 风管连接示意图

1—测压管连接口；2—风管连接口

4.7.2 武汉中仪的扎头及风管连接

如图 4-21 所示，将风管 3 的一端连接到风机出风口 1，另一端连接到指定扎头。测压管 5 一端连接到测压管连接口 2，如图 4-21 中 4 所示，测压管 5 另一端连接到指定扎头上。

4.8 软管固化

4.8.1 开启控制柜

按下控制柜的系统开关，打开 UV 控制系统。

图 4-21 扎头及风管连接

1—风机出风口；2—测压管连接口；3—风管；

4—测压管连接；5—测压管

4.8.1.1 设备型号：萨泰克斯

萨泰克斯的控制柜如图 4-22 所示。

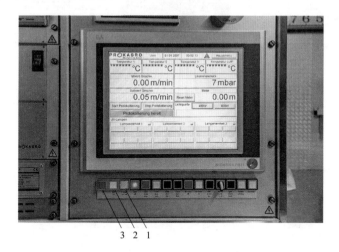

图 4-22 萨泰克斯控制柜操作面板

1—UV 系统开指示灯；2—UV 系统开；3—UV 系统关

4.8.1.2 设备型号：普洛兰

普洛兰的控制柜如图 4-23 所示。

图 4-23 普洛兰控制柜操作面板

4.8.1.3 设备型号：武汉中仪

武汉中仪的控制柜如图 4-24 所示。其操作过程为：

（1）接通电源。按下控制柜的绿色启动按钮 1 使整个控制柜通电，观察三相综合电量表显示是否正常（正常值在 380V 左右）。若数值不对,应检查三相顺序是否连接正确。若数值不显示,应检查控制柜内空开 2 是否打开。三相综合电量表正常显示后,方可打开笔记本电脑的电源开关。

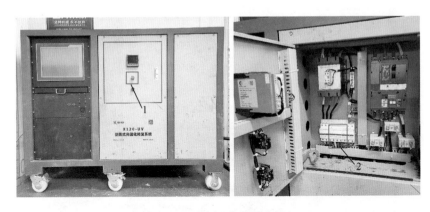

图 4-24　武汉中仪控制柜

1—启动按钮；2—控制柜空开

（2）启动软件。在开启软件时，会出现软件系统引导界面，如图 4-25 所示。

图 4-25　武汉中仪软件引导界面

图 4-26 中界面左侧为视频显示模块和相关设置模块；界面右侧为 UV 设备控制模块，包括电源控制、电缆盘控制、UV 灯管控制和风机控制按钮。

图 4-26 武汉中仪软件主界面

（3）接通 UV 电源开关。开启 UV 光固化设备电源开关。UV 光固化系统启动初期，系统默认小灯架低电压为 100V，大灯架电压为 150V，此时为整个修复系统提供电流，连接各项设备，进行前期的准备工作。

当 UV 灯开启时，也可以通过该按钮关闭电源，如图 4-27 所示。

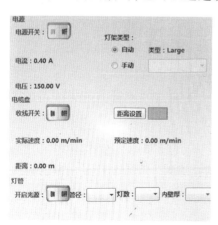

图 4-27 电源开关

图 4-28 中所示的电流值为当前 UV 灯架中的电流值，目的是为了监控 UV 灯架的电流情况。图中的电压值为当前提供给设备的电压值。当各设备正常连接时，软件系统会获取到设备组装的灯架类型，显示在这里。

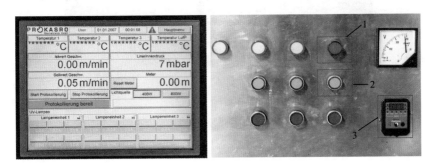

图 4-28 萨泰克斯高压风机控制器

1—风机开关指示灯；2—风机开；3—风机风量调节器

4.8.2 一次充气保压

待内衬软管拉入到待修管道内后，在管道两端的端口处包好扎头，连接好风管，按下风机电源开关，控制面板将实际开度设置为 90%（开度数值大时送风量小，开度数值小时送风量大）。

点击风机开关，通过缓慢降低开度百分比来增加气压，逐渐使内衬软管膨胀，直至贴合管壁，此时需要使管内气压达到指定值，并使之稳定在这一数值。

通过软管内的替换绳拉入耐高温拉灯绳，并牵引至固化车端。

关闭风机，打开靠近设备端的扎头盖，套上对应的内膜，再次打气，将耐高温拉灯绳捆绑至 UV 灯架，将灯架牵引至管道中，盖好扎头盖。

萨泰克斯高压风机的控制器操作按钮如图 4-28 所示，普洛兰高压风机的控制器操作按钮如图 4-29 所示，武汉中仪高压风机的控制器操作按钮如图 4-30 所示。

图 4-29 普洛兰高压风机控制器

1—变频器；2—风机电源开；3—风机开

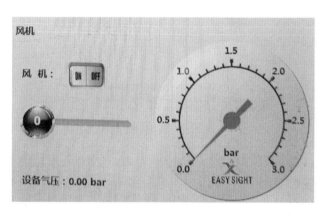

图 4-30 武汉中仪高压风机控制器

4.8.3 二次充气保压

重新连接风管和测压管，增加充气量，直至软管内气压值达到附表中待修复管道管径对应的固化标准压力数值，待气压达到标准参数值后保压 10~30 分钟，然后将 UV 灯组拉至管段另一端。

　　收紧综合电缆，在电缆上做好标记，并手动触摸显示屏，点击电缆米数清零按键，点击确认后，电缆米数清零。

　　电缆线标记如图 4-31 所示，萨泰克斯的计数控制开关如图 4-32 所示，普洛兰的计数控制开关如图 4-33 所示。

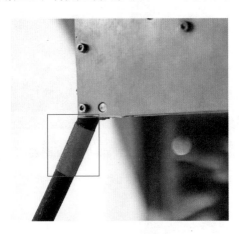

图 4-31　电缆线标记

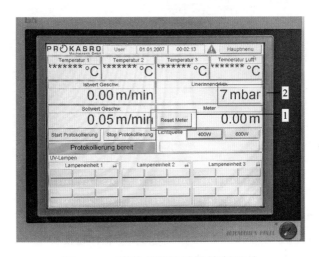

图 4-32　萨泰克斯的计数控制开关

1—米数清零按钮；2—压力数值

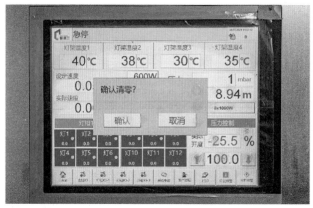

图 4-33　普洛兰的计数控制开关

4.8.4　开启 UV 灯组光源

　　小型灯架直接牵引，中型和大型灯架需点击支腿打开，打开时从摄像头观察打开情况，点击图像储存再牵引，牵引速度要缓慢，操作人员应观察管道内情况。在将 UV 灯架拉至管道另外一端后，设置好行走速度，并在触摸屏上选择灯 L1 至灯 L8，点击 UV 灯开启，观察 UV 灯点亮情况，此时摄像头灯光应处于关闭状态。图 4-34 的 1 中工作状态显示屏为绿色代表开始记录工作参数，黄色代表停止记录工作参数。视频录制开关如图4-35所示。普洛兰的UV灯组控制面板如图4-36所示，视频录制开关如图4-37所示，武汉中仪的视频录制开关如图4-38所示。

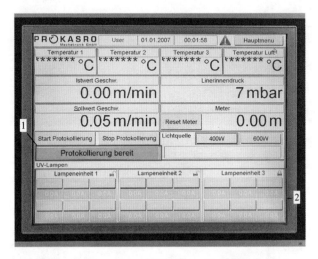

图4-34　萨泰克斯的UV灯组控制面板

1—工作状态显示屏；2—紫外灯触摸开关

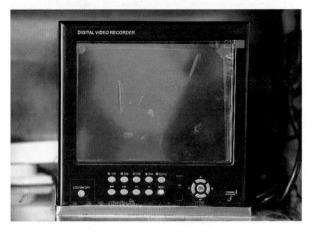

图4-35　视频录制开关

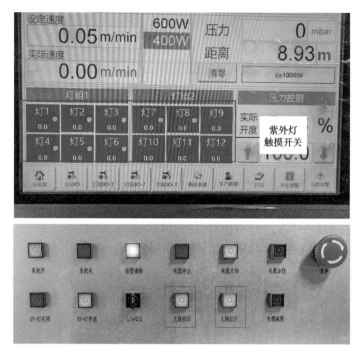

图 4-36 普洛兰的 UV 灯组控制面板

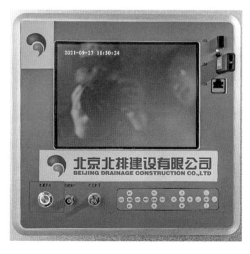

图 4-37 普洛兰设备视频录制开关

武汉中仪的控制面板有较大不同，如图 4-38 所示。先设定灯架参数，如"管道管径"、"材料壁厚"，然后选择使用的灯架个数，此时会在"电缆盘部分"，显示预设的速度值。

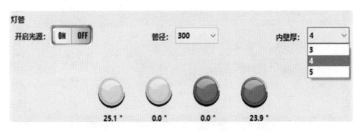

图 4-38　武汉中仪 UV 灯组控制面板

4.8.5　固化

UV 灯打开后应原地停留（厚度（mm）+2）分钟，或是由人工敲击固化处来确定是否完全固化。然后点击"Start Recording"（开始记录）按钮，行走初期的 3m 内速度为标准速度的 70%，3m 过后恢复正常固化速度，固化过程中应随时观察视频，以判断工作是否正常，如图 4-39 和图 4-40 所示。

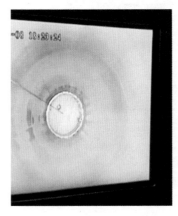

图 4-39　监视的管内视频　　　图 4-40　监视的检查井处视频

　　萨泰克斯的电缆控制界面如图 4-41 所示，普洛兰的电缆控制界面如图 4-42 所示。

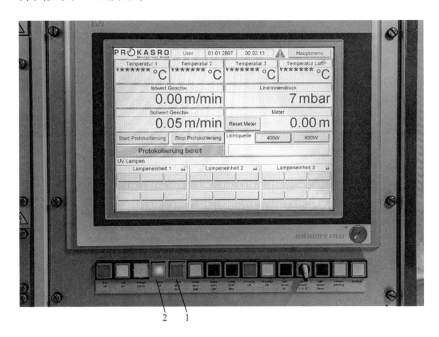

图 4-41　萨泰克斯的电缆控制界面

1—线缆盘开；2—线缆盘关

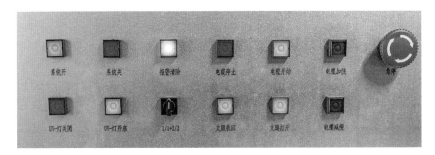

图 4-42　普洛兰的电缆控制界面

　　武汉中仪的电缆控制界面如图 4-43 所示。待井口处修复一段时间后，将"收线开关"按钮设置为"ON"，则启动收线，以预设的速度将 UV 灯架拉回。将 UV 灯架从起点井口拉出后，停止收线；让灯架在井口继续驻留一段时间。然后停止录制视频，关闭光源。

图 4-43　武汉中仪的电缆控制界面

4.8.6　关闭 UV 灯组及视频备份

关闭 UV 灯组及视频备份的基本操作过程为：

（1）固化完毕，点击 UV 灯关闭，等待逐一关闭。

（2）风机需继续保持送风 10 分钟，降低管道内温度和灯泡温度。

（3）使用中大型灯架需要点击支腿收缩，让支腿收缩到最小。

（4）拆除风管和测压管，打开扎头盖，取出固化灯组，将灯泡放在指定箱子内，小灯腿取下放在指定箱内，取下摄像头。将所有设备器件放回指定位置。

（5）连接硬盘，将该段施工视频留存以备后用，拷贝完毕后关闭摄像头屏幕电源。

萨泰克斯的视频录制 USB 连接口如图 4-44 所示。普洛兰的视频录制 USB 连接口如图 4-45 所示。

图 4-44 萨泰克斯视频录制 USB 接口

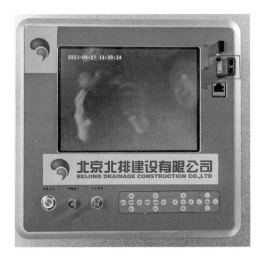

图 4-45 普洛兰的视频录制 USB 接口

4.8.7 关闭电源

4.8.7.1 设备型号：萨泰克斯

如图 4-46~图 4-48 所示，关闭萨泰克斯 UV 系统电源的步骤为：

（1）依次点击系统菜单（Menu）、关闭电脑（ShutdownPC）、确认关机（Shutdown）、系统关、向左拧动 UV 控制柜开关，控制柜电源总关、风机电源关、照明电源关，关闭 UV 机。

（2）关闭发电机时，先关发电机电源开关，再将挡位推回左边，然后向左拧动钥匙关闭发电机和电源，关闭卷帘门及后门，撤场离开。

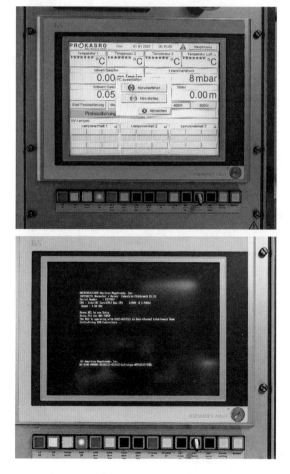

图 4-46　萨泰克斯的 UV 系统电源关

图 4-47 萨泰克斯的高压风机控制器

1—电源指示灯；2—控制柜总开关指示灯；3—照明开关指示灯；
4—风机开关指示灯；5—风机开按钮；6—风机风量调节器；
7—风机关按钮；8—UV 关按钮；9—控制柜总关按钮

图 4-48 控制柜开关

4.8.7.2 设备型号：普洛兰

如图 4-49~ 图 4-51 所示，关闭普洛兰 UV 系统电源的步骤为：

（1）依次点击系统关、控制柜电源关、风机电源关、向左拧动 UV 控制柜开关、照明电源关。

（2）关闭发电机时，先关发电机电源开关，再将挡位推回左边，然后向左拧动钥匙关闭发电机和电源，关闭卷帘门及后门，撤场离开。

图 4-49　普洛兰系统控制器

图 4-50　普洛兰高压风机控制器

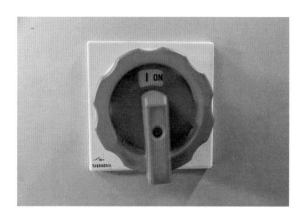

图 4-51 控制柜开关

4.8.7.3 设备型号：武汉中仪

关闭软件系统，修复结束。

4.9 设备拆除

待固化工作完成，设备和管壁冷却后，按照安装步骤依次拆除风管、压力管、扎头、万向轮、取出 UV 灯组，最后拆除管道两端的扎头。

4.10 端头处理

4.10.1 排水管道端头处理

排水管道拆除扎头后，应使用气动切割机把管道端头的多余材料切除，然后使用快干水泥封口，如图 4-52 所示。

4.10.2 给水管道端头处理

给水管道拆除扎头后，还需自管口向管内切除宽度为 150mm 的内衬管材料，用于安装内胀圈。如图 4-53 和图 4-54 所示。

图 4-52　排水管道端头处理

图 4-53　给水管道端头处理

图 4-54 安装内胀圈

4.11 班组自检

班组施工完成后，由班组长负责检查施工过程中的气压、温度、行走速度、施工前后的视频对比、施工过程中的影像资料，以确保工程质量。

5 设备维护与保养

5.1 日常维护与保养

紫外光固化设备维护与保养的对象主要是紫外光固化设备、发电机组、高压风机等。

在维护与保养之前，应先断开保养电器的电源。

5.1.1 紫外光固化设备维保

紫外光固化设备的维保项目及周期见表 5-1。

表 5-1 紫外光固化设备维保计划

维保内容	维保操作	维保周期
检查安全系统功能	• 检查端口插头 • 检查平衡系统 • 检查螺栓等连接件是否紧固	每周
检查安全指示的完整性	• 检查指示灯是否正确指示 • 检查按钮是否操作自如 • 检查开关是否操作自如	每周
UV 灯清洁及更换	• 每次作业后清洁 UV 灯 • 更换破损或烧毁的 UV 灯 • 更换超过工作时限的 UV 灯	每月
导向轮清洁及维修	• 紧固松脱的导向轮 • 清洁导向轮，使活动自如 • 更换损坏的导向轮	每月

续表 5-1

维保内容	维保操作	维保周期
电缆卷盘维保	• 检查电缆卷盘是否安装了地脚螺栓，基础是否保持水平并处于坚固状态 • 拉出全部电缆，对电缆卷盘打黄油保养 • 对电缆打石蜡粉保养 • 清洁冷干机的外部，一般用湿布擦拭后用干布拭净，不得喷水冲洗，以免使电器部件遇水损坏或绝缘性降低；不得使用汽油等挥发油、稀释剂和其他化学药品进行擦洗，以免造成外壳褪色，变形及油漆剥落	每月

5.1.2 发电机组日常维保要求

（1）维护前拔下火花塞导线，以防意外起动；

（2）更换机油前先对发动机预热；

（3）检查火花塞上的电极，清除电极上的积碳；

（4）用水和洗涤剂清洗空气滤清器的滤芯海绵；

（5）维保完毕按原样装好设备。

5.1.3 高压风机日常维保要求

（1）高压风机各联结部件应紧固良好，传动部件应运动灵活，防护装置应配备齐全，操纵手柄应在正确位置。

（2）检测各气压表、油温表、水温表、安全阀的灵敏度和负荷调节器等部件的工作是否正常和安全可靠，关键仪表是否在标定工作范围内。

（3）检查高压风机清洁冷凝水排放系统以及驱动齿轮的运行状况是否正常；定期检查进气壳体、管道等的锈蚀情况，并做防腐处理；检查齿轮箱呼吸器滤芯、联轴器；检查联轴器对轮缓冲垫是否正常；检查锁紧螺丝和联轴器的连接是否安全可靠；检查联轴器对中情况。

（4）空气压缩机应在无负荷状态下启动，空载运转正常后，逐步进入负荷运转状态。正常运转时，操作人员应经常观察各仪表读数，适时调整。排气温度不得超过 180℃，润滑油温度不得超过 85℃，排水温度不得超过 50℃，储气罐内最大指示压力不得超过规定压力。

（5）空气压缩机每工作 1~2 小时，应排除系统及管路中的油水，储气罐内的油水每班应排放 1~2 次。

（6）安全阀至少每半月应手动试验一次。

5.2　特殊作业条件维保

5.2.1　施工现场作业注意事项

（1）设备运行中，如发现异常现象应马上切断动力源进行检查，待故障排除后方可继续工作。

（2）紫外光固化作业属于有限空间环境作业，必须通风检测合格后方可进行施工，并对施工人员做好安全防护。

（3）做好紫外光固化修复作业过程中的录像收集，以便留存、追溯和后期评价。用电设备应由专业电工负责安装、维护和管理，严禁其他人员随意拆卸、改装电气线路。应及时检查现场配电箱，以免发生火灾。

（4）加强现场消防工作，备足消防器材。施工现场消防用水、灭火砂及消火栓应设置明显标记，并注意保管，不得随意挪用。

（5）现场重点防火部位，应设置烟火警告标志，每处布置数量充足的干粉灭火器，并制定具体的防火制度。

5.2.2 冬季施工作业

（1）施工导水时，应对露出地面的水泵进出水管采取防冻措施；水泵停止抽水时，应将水管中的水放空。

（2）施工现场需设置单独电源开关箱。加热用电单独管理，设专人 24 小时看护。冬季施工时，应经常检查所用的电热丝，发现有破损时应及时更换，防止漏电、触电事故的发生。

（3）冬季施工应注意施工过程中使用的保温材料及塑料布等可燃材料的安全管理，做好火灾防护及应急预案。

（4）大风雪后应对电气线路进行检查，防止电缆线断线和破损造成触电事故。加强现场消防工作，备足消防器材，施工现场消防用水、灭火砂及消火栓应设置明显标记，并应注意保管，不得随意挪用。

（5）现场重点防火部位，设置烟火警告标志，每处应布置数量充足的干粉灭火器，并制定具体防火制度。施工现场严禁吸烟。

5.2.3 雨季施工作业

（1）雨季之前应对施工现场的所有设备（电器设备、机械设备）进行全面检测，电器设备要有安全可靠的防雨设施并挂合格证，雨后必须对电器设备进行绝缘电阻遥测，合格后悬挂（或粘贴）合格证，再允许投入使用。

（2）对施工机具进行保养和苫盖，防止因雨淋而损坏。怕雨、怕潮的原材料、构件和设备，应放在有坚实基础的较高地点，或用篷布封盖严密。

（3）现场的机电设备应有可靠的防雨措施。

（4）雨期前应检查照明和动力电缆有无混线或漏电等情况，

保证雨期正常供电。

（5）电源电闸箱采取两级保护，电气设备应一机一闸，由专职电工负责阴雨天电器设备的检查。

5.3　维保记录

应按表 5-2 记录设备维保状况。

表 5-2　设备定期维护保养记录

序号	设备名称	型号规格	维护保养内容	维护保养时间	保养人	保养结果
1						
2						
3						
4						
5						
6						
7						
8						
9						
10						

6 常见问题与处理措施

6.1 设备故障与处理措施

紫外光固化设备在使用过程中，可能会遇到以下问题。

对于本手册中没有记录的问题，应及时记录发生故障的现象、分析故障原因，并记录排除故障的措施。

6.1.1 紫外光固化设备

紫外光固化设备在使用中的常见故障与处理措施如下。

6.1.1.1 故障灯报警

故障编号：UV001。

现象：紫外光固化设备的故障灯不断闪烁，并发出报警声音。

原因：紫外光固化设备存在不明故障。

处理措施：轻按"故障灯消除按钮"，直至故障灯熄灭。

6.1.1.2 紫外灯泡图标显示变暗

故障编号：UV002。

现象：紫外光固化设备的电脑显示屏上数据显示正常，但紫外灯泡图标显示变暗。

原因：电缆连接故障。

处理措施：检查电缆连接部分，必要时重新组装电缆连接及灯架之间的连接。

6.1.1.3 设备开机后屏幕上没有图像

故障编号：UV003。

现象：设备在正常开机情况下，等待一段时间后，屏幕上没有图像。

原因：考虑为两种情况，即摄像头未连接好或视频前后切换开关位置不对。

处理措施：若是摄像头未连接好，则检查摄像头的接线是否插接可靠、摄像头开关是否打开；若是视频前后切换开关位置不对，则检查视频前后切换开关是否正确打开。

6.1.1.4 电源故障不能正常开灯

故障编号：UV004。

现象：开机后故障报警，显示为电源故障，不能正常开灯。

原因：发电机电压过低。

处理措施：调整发电机输出电压和频率，使其适合紫外光固化设备的正常启动。

6.1.1.5 风量无法调节

故障编号：UV005。

现象：紫外光固化设备配备的高压风机的风量无法调节。

原因：电磁阀故障。

处理措施：临时措施是使用风机上备用的六棱角扳手，手动调节阀门来控制压力，恢复风机的正常运行。维修措施是在停工时及时更换电磁阀。

6.1.1.6 电缆卷盘无法正常收线

故障编号：UV006。

现象：设备在正常使用过程中，电缆卷盘无法正常收线。

原因：收线器滑动螺栓松动。

处理措施：拧紧收线器滑动装置螺丝。

6.1.1.7　电缆卷盘异响

故障编号：UV007。

现象：电缆卷盘在使用过程中发出异响。

原因：链条齿轮轴座松动。

处理措施：打开电缆卷盘面板，调整链条齿轮轴座。

6.1.1.8　电缆接头卡扣脱落

故障编号：UV008。

现象：电缆接头的卡扣脱落。

原因：电缆线在拖动过程中螺丝松动，未能及时发现和拧紧，导致接头卡扣脱落。

处理措施：重新连接电缆，并拧紧卡扣螺丝。

6.1.1.9　电脑开机后无法进入操作系统

故障编号：UV009。

现象：电脑开机后无法进入操作系统。

原因：电脑上的 CPU 插接不实。

处理措施：打开电脑后盖，重新将 CPU 插接到正确的卡槽中，然后重启电脑。

6.1.1.10　开机后无法驱动照明灯

故障编号：UV010。

现象：电脑开机正确，但无法驱动照明灯发光或关闭。

原因：电脑无法识别灯组型号。

处理措施：解锁系统内对应型号灯架的灯泡锁。

6.1.1.11　灯架升降系统故障

故障编号：UV011。

现象：电脑无法驱动灯架的升降系统。

原因：考虑为三种情况，即灯架尾部限位开关松动、电机故障或升降轴承故障。

处理措施：若是灯架尾部限位开关松动，则调整灯架限位开关并拧紧螺丝；若是电机故障，则更换电机；若是升降轴承故障，则更换升降轴承。

6.1.2　发电机组

发电机组在整个施工过程中起供电的作用显得尤为重要，其常见故障与处理措施如下。

6.1.2.1　发电机无法启动

故障编号：FDJ001。

现象：发电机无法正常启动。

原因：考虑为两种情况，即发电机没有燃油或启动电瓶电压不足。

处理措施：若是发电机没有燃油，则检查燃油泵接线，看发动机燃油的剩余量，添加足够的燃油；若是启动电瓶电压不足，则对电瓶充电或更换新的电瓶。

6.1.2.2　发电机运行不正常

故障编号：FDJ002。

现象：发电机能够正常启动，但是运行不正常。

原因：考虑为两种情况，即缺少机油或缺少燃油。

处理措施：若是发电机缺少机油，则观察机油报警器的工作情况，根据其显示情况来添加机油；若是缺少燃油，需要检查燃油泵接线，查看燃油的情况，添加燃油。

6.1.2.3 发电机工作时熄火

故障编号： FDJ003。

现象： 发电机工作过程中突然发生熄火。

原因： 考虑为两种情况，即缺少机油或缺少燃油。

处理措施： 若是发电机缺少机油，则观察机油报警器的工作情况，根据其显示情况来添加机油；若是缺少燃油，需要检查燃油泵接线，查看燃油的情况，添加燃油。

6.1.2.4 发电机功率不足

故障编号： FDJ004。

现象： 发电机工作过程中突然发生熄火。

原因： 考虑为两种情况，即空气供应不充分或发电机排风不畅。

处理措施： 若是空气供应不充分，则按装配要求增加发电机舱进风口面积（托装式）；若是发电机排风不畅，则调整发电仓底座的风口与发电机排风口一致（托装式）。

6.1.2.5 发电机没有输出

故障编号： FDJ005。

现象： 发电机在启动后没有输出。

原因： 考虑为四种情况，即连接的设备损坏、发电机供电电源开关未开、发电机过载或接线松动。

处理措施： 若是连接的设备损坏，则更换损坏的设备；若是发电机供电电源开关未开，则打开发电机供电电源开关；若是发电机过载，则减小负载，重新启动发电机；若是接线松动，则检查和紧固接线。

6.1.2.6 远程控制器显示屏报错

故障编号： FDJ006。

现象： 远程控制器显示屏报错。

原因： 考虑为两种情况，即发电机过载或电线和设备短路。

处理措施： 若是发电机过载，则检查并调整负载；若是电线和设备短路，则检查是否有损坏或磨损的电线，更换损坏的设备。

6.1.3　高压风机

高压风机在使用过程中的故障与处理措施如下。

故障编号： FJ001。

现象： 高压风机停止运行。

原因： 高压风机通风受阻。

处理措施： 第一时间关闭电缆卷盘和灯组，然后将灯组拉至固化完成区域，检查高压风机是否因通风受阻而温度过高，对高压风机进行排风散热。

6.1.4　紫外光灯组

紫外光灯组在使用过程中的故障与处理措施如下。

故障编号： DZ001。

现象： 在固化过程中紫外光灯组突然熄灭。

原因： 综合电缆接头松动或线路故障。

处理措施： 若是综合电缆接头松动，则检查电缆连接，重新安装电缆。若是线路故障，则排查故障，重新启动。

6.1.5　电缆卷盘

电缆卷盘在使用过程中的故障与处理措施如下。

故障编号： JYJ001。

现象：电缆卷盘实际运行速度低于设定速度。

原因：井口的电缆导向轮脱离。

处理措施：检查井口的电缆导向轮，重新安装。

6.2 设备故障检修记录表

日常检修时应填写记录表，见表 6-1。

表 6-1 设备检修记录

设备名称		车　　号	
检修位置			
故障情况： 　　　　　　　　　　　　操作者：　　年　　月　　日			
检修结果： 　　　　　　　　　　　　检修人：　　年　　月　　日			
验证结果： 　　　　　　　　　　　　验证人：　　年　　月　　日			

6.3　施工中常见问题及处理措施

6.3.1　卷扬机拉不动或被拖拽移动

故障编号：SG001。

现象：卷扬机拉不动内衬软管，甚至卷扬机自身被拉动。

原因：内衬软管过重，拖动内衬软管所需的牵引力超过了卷扬机所能提供的拉力。或者是卷扬机基础未固定牢靠。

处理措施：下料时使用滑轮组，通过增加动滑轮数量减小拉力。卷扬机设备通过打地锚、方木支撑固定设备。

6.3.2　固化内衬管表面不平整

缺陷编号：SG002。

现象：软管固化后的表面平整度达不到规范或合同的要求。

原因：原管道内部预处理效果未达要求。

预防措施：在拖入内衬软管前对原管道进行精细处理，并达到预处理的设计要求。

6.3.3　固化内衬管表面褶皱

缺陷编号：SG003。

现象：紫外光固化后的内衬管表面有褶皱，如图6-1所示。

原因：（1）内衬软管外表面的面积与原管道内表面的面积不一致。可能是由于测量数据偏差或制作偏差，导致内衬软管外径与原管道内径尺寸不能很好匹配。（2）原管道存在局部变形、缩径、变径、转弯等情形。（3）固化时内衬软管内部的鼓胀压力不足。

预防措施：（1）精确测量原管道管径沿纵轴线的尺寸，并精确裁剪。（2）对原管道缺陷做处理，使之满足修复前的预处理要

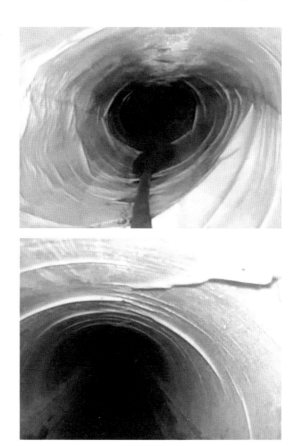

图 6-1 内衬管表面褶皱

求。（3）固化过程中，增大内衬软管内部的充气压力，使内衬软管紧贴原管道内壁。

处理措施：将内衬管分段分片割除，并清理干净后，重新进行紫外光固化施工。

6.3.4 内衬管开裂

缺陷编号：SG004。

现象：内衬管表面存在局部开裂，如图 6-2 所示。

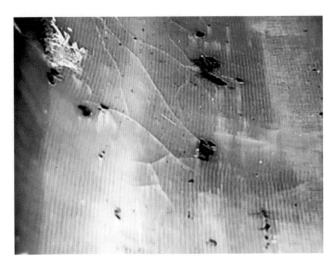

图 6-2　内衬管开裂

原因：（1）内衬软管直径偏小，过度扩张导致内衬管偏薄、厚度不达标，严重时导致内衬管破裂。（2）内衬软管运输、吊放、翻转或牵引安装过程中，设备、工作台、井壁、管壁等存在的尖锐物造成了内衬软管划痕及破裂。（3）内衬管冷却速度过快，收缩引起拉裂。

预防措施：（1）精确测量原管道管径沿纵轴线的尺寸，并精确裁剪。（2）严控操作工艺。

处理措施：一旦内衬管出现开裂，就应判为不合格工程，需要局部重新修复，或整段重新修复。将内衬管分段分片割除，并清理干净后，重新进行紫外光固化施工。

6.3.5　内衬管白斑

缺陷编号：SG005。

现象：固化后的内衬管中存在白斑。

原因：内衬软管树脂浸润过程中，抽真空和碾压工艺不到位，致使树脂浸润不密实，含有气泡。

预防措施：严控树脂浸润工艺，消除气泡。

处理措施：如果白斑数量超出规范要求，局部缺陷需局部切除和修复，如果在整个管段上出现了较多的白斑，则需全部移除内衬管，重新修复。

6.3.6　内衬管强度不达标

缺陷编号：SG006。

现象：固化试样的强度达不到要求。

原因：（1）内衬软管浸润过程中的原因有内衬软管中的树脂用量不足；树脂浸润不密实；稀释剂、填充剂添加过多。（2）施工过程中的原因有原管道预处理不到位，局部渗漏冲刷导致树脂流失；原管道内有凸起物未预处理，导致凸起物处内衬管壁变薄，厚度不达标。（3）固化时紫外灯强度不够，固化反应不彻底。

预防措施：（1）严控树脂浸润工艺。（2）对原管道缺陷进行严格预处理。（3）确保固化过程中的光照度、温度和速度，并保持足够长的固化反应时间。

处理措施：将内衬管分段分片割除，并清理干净后，重新进行紫外光固化施工。

6.3.7　软弱带

缺陷编号：SG007。

现象：内衬管局部没有很好固化，从而出现软弱带。

原因：（1）树脂少。内衬软管中的某一局部树脂少，可能是浸润不到位或是现场固化前树脂流失。（2）固化时温度低。如原管道的渗漏未做预处理，则在紫外光固化时渗漏部位的温度因流水的冷却而达不到固化温度，或固化不充分。也可能是紫外灯泡功率不够，或照射时间过短，致使光敏反应不充分。

预防措施：严控树脂浸润工艺和现场施工工艺。

处理措施：切除固化不良管段，并清理干净后，重新进行局部紫外光固化施工。

6.3.8　提前固化

缺陷编号：SG008。

现象：内衬软管在储存或运输过程中发生了固化。

原因：内衬软管在储存或运输过程中的温度不符合要求；受到了强光照射或风吹，保护膜破损。

预防措施：严格按照材料说明书进行储存和运输。

6.3.9　贴合不实

缺陷编号：SG009。

现象：固化后的内衬管与原管道间存在间隙。

原因：（1）尺寸裁剪偏差。对原管道尺寸测量不精确或没有严格进行裁剪。（2）固化过程中压力控制不到位，施工气压过低，导致内衬材料不能充分膨胀，无法紧贴管壁。（3）原管道存在变形、脱节、错位、局部凸起等缺陷，而预处理时未能完全消除这些缺陷。

预防措施：（1）精确测量原管道尺寸，精确裁剪与制作内衬软管。（2）固化时保持足够高的气压，使软管紧贴原管内壁。（3）做好原管道预处理工作。

6.3.10　鼓包

缺陷编号：SG010。

现象：内衬管的内部出现局部鼓包或隆起。

原因：原管道内部突出部分处理不彻底；固化过程中内衬管内部的气压偏低；原管道缺陷处理不到位，渗水积聚在内衬管与原管道的环状间隙中所致。隆起会影响过流能力。

预防措施：固化时保持足够的气压；原管道的渗漏点在预处理时要彻底消除。

6.3.11　针孔

缺陷编号：SG011。

现象：固化后的内衬管表面存在针孔或缺口。

原因：内衬软管的保护膜在运输或施工过程中受到损坏。

预防措施：在运输或施工过程中防止尖锐物刺伤或刮伤保护膜。

处理措施：如果没有可见的渗漏则影响不大。如果出现局部渗漏则需采取局部内衬修复技术；如果大面积出现渗漏则需要全部重新修复；如果是可以进人的大直径雨污水管道，也可以采取人工灌注环氧树脂的方法补救。

6.3.12　起泡

缺陷编号：SG012。

现象：内衬管中存在泡状凸起。

原因：施工过程中固化温度过高。起泡使得内衬管很容易被磨损，严重降低了内衬管的使用寿命。

预防措施：严控固化温度。

附表 1　排水管道紫外光固化基础数据表

序号	管径/mm	软管厚度/mm	材料厂家	灯组数量	每盏灯的功率/W	牵引巡航速度/m·min⁻¹	固化压力/mbar
1	DN150	3~4	萨泰克斯	8	400（600）	1.5~1.7	850
		5				1.4~1.6	
		3	英普瑞格	8	400	≤ 1.4	550~650
		4				≤ 1.3	
		5				≤ 1.2	
		6				≤ 1.1	
		3~4	普洛兰	8	400	1.3~1.5	600~650
2	DN200	3~4	萨泰克斯	8	400（600）	1.5~1.7	850
		5				1.4~1.6	
		3	英普瑞格	8	400	≤ 1.3	500~600
		4				≤ 1.2	
		5				≤ 1.1	
		6				≤ 1	
		7				≤ 0.85	
		3~4	普洛兰	8	400	1.2~1.4	600~650
		5~6				1~1.1	
3	DN250	3~4	萨泰克斯	8	400（600）	1.1~1.3	750
		5				1~1.2	
		3	英普瑞格	8	400	≤ 1.2	450~550
		4				≤ 1.1	
		5				≤ 1	
		6				≤ 0.9	
		7				≤ 0.75	
		3~4	普洛兰	8	400	1.1~1.3	600~650
		5~6				0.9~1	

续表

| 序号 | 管径 /mm | 软管厚度 /mm | 材料厂家 | 紫外光灯组 | | 牵引巡航速度 /m·min⁻¹ | 固化压力 /mbar |
				灯组数量	每盏灯的功率 /W		
4	DN300	3~4	萨泰克斯	8	400（600）	0.8~0.9	750
		5				0.7~0.8	
		6				0.6~0.7	
		3	英普瑞格	8	400（600）	1.1~1.3	450~550
		4				1~1.25	
		5				0.9~1.15	
		6				0.8~1.05	
		7				0.65~0.9	
		8				0.55~0.8	
		3~4	普洛兰	8	400	0.8~0.95	550
		5~6				0.6~0.8	
5	DN350	3~4	萨泰克斯	8	400（600）	0.7~0.85	700
		5				0.6~0.7	
		6				0.5~0.6	
		3	英普瑞格	8	400（600）	1.0~1.2	450~550
		4				0.9~1.15	
		5				0.8~1.05	
		6				0.7~0.95	
		7				0.55~0.8	
		8				0.45~0.7	
		3~4	普洛兰	8	400	0.75~0.9	450~500
		5~6				0.65~0.75	
6	DN400	3~4	萨泰克斯	8	400（600）	0.6~0.7	700
		5				0.5~0.6	
		6				0.4~0.5	
		3	英普瑞格	8	400（600）	0.9~1.1	400~500
		4				0.8~1.05	
		5				0.7~0.95	
		6				0.6~0.85	
		7				0.45~0.7	
		8				0.35~0.6	
		9				0.25~0.5	
		3~4	普洛兰	8	400	0.6~0.7	500
		5~6				0.45~0.6	
		7~8				0.35~0.5	

续表

| 序号 | 管径 /mm | 软管厚度 /mm | 材料厂家 | 紫外光灯组 | | 牵引巡航速度 /m·min⁻¹ | 固化压力 /mbar |
				灯组数量	每盏灯的功率 /W		
7	DN450	3~4	萨泰克斯	8	400（600）	0.55~0.65	600
		5				0.45~0.55	
		3~4	普洛兰	8	400	0.55~0.65	550
		5~6				0.4~0.55	
		7~8				0.3~0.45	
8	DN500	3~4	萨泰克斯	8	400（600）	0.55~0.65	600
		5				0.45~0.55	
		6				0.35~0.45	
		4	英普瑞格	8	400（600）	0.6~0.85	400~500
		5				0.5~0.75	
		6				0.4~0.65	
		7				0.25~0.5	
		8				0.15~0.4	
		9				0.05~0.3	
		3~4	普洛兰	8	400	0.45~0.6	450
		5~6				0.35~0.45	
		7~8				0.25~0.4	
9	DN550	3~4	萨泰克斯	8	400（600）	0.5~0.6	450
		5				0.4~0.5	
		6				0.3~0.4	
10	DN600	3~4	萨泰克斯	8	400（600）	0.6	450
		5				0.55	
		4	萨泰克斯	8	1000	0.8~0.9	
		5				0.7~0.8	
		6				0.6~0.7	
		7				0.6~0.7	
		8				0.5~0.6	
		9				0.45~0.55	
		4	英普瑞格	8	400（600）	0.4~0.6	300~400
		5				0.3~0.5	
		6				0.2~0.4	
		7		8	600	0.25	

续表

序号	管径 /mm	软管厚度 /mm	材料厂家	紫外光灯组		牵引巡航速度 /m·min⁻¹	固化压力 /mbar
				灯组数量	每盏灯的功率 /W		
10	DN600	4	英普瑞格	8	1000	≤ 1.1	300~400
		5				≤ 1.05	
		6				≤ 1	
		7				≤ 0.9	
		8				≤ 0.85	
		9				≤ 0.75	
		4~5	普洛兰	8	1000	0.55~0.85	400
		6				0.5~0.8	
		7~8				0.45~0.75	
11	DN700	4	萨泰克斯	8	1000	0.75~0.85	400
		5				0.65~0.75	
		6				0.55~0.65	
		7				0.5~0.55	
		8				0.45~0.5	
		9				0.4~0.45	
		5	英普瑞格	8	1000	≤ 1	300~400
		6				≤ 0.9	
		7				≤ 0.85	
		8				≤ 0.75	
		9				≤ 0.7	
		5~6	普洛兰	8	1000	0.55~0.75	350
		7~8				0.4~0.6	
		9~10				0.35~0.55	
12	DN800	4	萨泰克斯	8	1000	0.65~0.75	350
		5				0.55~0.65	
		6				0.55~0.65	
		7				0.5~0.55	
		8				0.45~0.5	
		9				0.4~0.45	
		5	英普瑞格	8	1000	≤ 0.9	250~350
		6				≤ 0.8	
		7				≤ 0.75	
		8				≤ 0.7	
		9				≤ 0.6	
		5~6	普洛兰	8	1000	0.45~0.7	320
		7~8				0.4~0.6	
		9~10				0.3~0.45	
		11~12				0.2~0.35	

续表

序号	管径/mm	软管厚度/mm	材料厂家	灯组数量	每盏灯的功率/W	牵引巡航速度/m·min⁻¹	固化压力/mbar
13	DN900	5	萨泰克斯	8	1000	0.5~0.6	300
		6				0.5~0.55	
		7				0.45~0.5	
		8				0.35~0.4	
		9				0.3~0.35	
		10				0.3~0.35	
		5	英普瑞格	8	1000	≤ 0.8	250~350
		6				≤ 0.7	
		7				≤ 0.65	
		8				≤ 0.6	
		9				≤ 0.5	
		5~6	普洛兰	8	1000	0.4~0.5	250~300
		7~8				0.35~0.45	
		9~10				0.25~0.35	
		11~12				0.2~0.3	
14	DN1000	5	萨泰克斯	8	1000	0.5~0.6	300
		6				0.5~0.55	
		7				0.45~0.5	
		8				0.35~0.4	
		9				0.3~0.35	
		10				0.3~0.35	
		11				0.25~0.3	
		12				0.25~0.3	
		6	英普瑞格	8	1000	≤ 0.65	200~300
		7				≤ 0.6	
		8				≤ 0.55	
		9				≤ 0.45	
		7~8	普洛兰	8	1000	0.3~0.4	250~300
		9~10				0.2~0.3	
		11~12				0.15~0.3	
		12				≤ 0.4	
		13				≤ 0.35	
15	DN1100	6	萨泰克斯	8	1000	0.35~0.4	250
		7				0.3~0.35	
		8				0.2~0.25	
		9				0.2~0.25	
		10				0.15~0.2	
		11				0.1~0.15	
		12				0.1~0.15	
		6	英普瑞格	8	1000	≤ 0.6	200~300
		7				≤ 0.55	
		8				≤ 0.5	
		9				≤ 0.4	
		7~8	普洛兰	8	1000	0.3~0.4	250~300
		9~10				0.2~0.3	
		11~12				0.15~0.25	

序号	管径 /mm	软管厚度 /mm	材料厂家	紫外光灯组		牵引巡航速度 /m·min⁻¹	固化压力 /mbar
				灯组数量	每盏灯的功率 /W		
16	DN1200	7	萨泰克斯	12	1000	0.25~0.35	250
		8				0.25~0.35	
		9				0.20~0.30	
		10				0.20~0.30	
		11				0.15~0.25	
		12				0.15~0.25	
		13				0.10~0.20	
		14				0.10~0.20	
		15				0.05~0.15	
		7~8	普洛兰	8	1000	0.25~0.35	200~260
		9~10				0.2~0.3	
		11~12				0.15~0.2	
		7	英普瑞格	8	1000	≤ 0.5	200~300
		8				≤ 0.45	
		9				≤ 0.35	
17	DN1300	7	萨泰克斯	12	1000	0.45~0.55	200
		8				0.40~0.50	
		9				0.35~0.45	
		10				0.30~0.40	
		11				0.25~0.35	
		12				0.20~0.30	
		13				0.20~0.25	
		14				0.20~0.25	
		15				0.15~0.20	
		8~9	普洛兰	12	1000	0.55~0.65	200~260
		10~11				0.35~0.5	
		12~13				0.3~0.4	
		14~15				0.25~0.35	
		7	英普瑞格	8	1000	≤ 0.45	200~300
		8				≤ 0.4	
		9				≤ 0.3	
18	DN1400	7	萨泰克斯	12	1000	0.40~0.50	200
		8				0.35~0.45	
		9				0.30~0.40	
		10				0.25~0.35	
		11				0.20~0.30	
		12				0.15~0.25	

续表

序号	管径/mm	软管厚度/mm	材料厂家	紫外光灯组		牵引巡航速度/m·min⁻¹	固化压力/mbar
				灯组数量	每盏灯的功率/W		
18	DN1400	13	萨泰克斯	12	1000	0.15~0.20	200
		14				0.15~0.20	
		15				0.10~0.15	
		8~9	普洛兰	12	1000	0.45~0.5	200~260
		10~11				0.35~0.45	
		12~13				0.25~0.35	
		14~16				0.2~0.3	
		8	英普瑞格	12	1000	≤ 0.6	200~300
		9				≤ 0.5	
		10				≤ 0.4	
		11				≤ 0.35	
		12				≤ 0.3	
		13				≤ 0.25	
		14				≤ 0.2	
19	DN1500	7	萨泰克斯	12	1000	0.35~0.45	180
		8				0.30~0.40	
		9				0.25~0.35	
		10				0.25~0.30	
		11				0.20~0.25	
		12				0.15~0.20	
		13				0.10~0.15	
		14				0.10~0.15	
		15				0.10~0.15	
		8~9	普洛兰	12	1000	0.4~0.5	200~260
		10~11				0.3~0.4	
		12~13				0.2~0.3	
		14~16				0.15~0.25	
		8	英普瑞格	12	1000	≤ 0.5	200~300
		9				≤ 0.4	
		10				≤ 0.35	
		11				≤ 0.3	
		12				≤ 0.25	
		13				≤ 0.2	
		14				≤ 0.17	
20	DN1600	7	萨泰克斯	12	1000	0.30~0.40	180
		8				0.25~0.35	
		9				0.25~0.30	
		10				0.20~0.25	
		11				0.15~0.20	

续表

序号	管径 /mm	软管厚度 /mm	材料厂家	紫外光灯组		牵引巡航速度 /m·min⁻¹	固化压力 /mbar
				灯组数量	每盏灯的功率 /W		
20	DN1600	12	萨泰克斯	12	1000	0.10~0.15	180
		13				0.10~0.15	
		14				0.10~0.15	
		15				0.08~0.12	
		8~9	普洛兰	12	1000	0.35~0.45	200~260
		10~11				0.25~0.35	
		12~13				0.2~0.3	
		14~16				0.1~0.2	
		8	英普瑞格	12	1000	≤ 0.4	200~300
		9				≤ 0.35	
		10				≤ 0.3	
		11				≤ 0.2	
		12				≤ 0.17	
		13				≤ 0.14	
		14				≤ 0.1	

注：1. 每盏灯的功率栏括号中的数值为可选项，如 400（600），是指一般选用
400W 的灯泡，也可选用 600W 的灯泡；

2. 1mbar=100Pa。

附表 2   给水管道紫外光固化基础数据表

序号	管径 /mm	软管厚度 /mm	材料厂家	紫外光灯组		牵引巡航速度 /m·min⁻¹	固化压力 /mbar
				灯组 数量	每盏灯的 功率 /W		
1	DN200	4.3	萨泰克斯	8	400 （600）	1.70~1.90	950
		5.3				1.60~1.80	
		6.3				1.50~1.70	
		7.3				1.40~1.60	
2	DN250	4.3	萨泰克斯	8	400 （600）	1.35~1.55	950
		5.3				1.25~1.45	
		6.3				1.15~1.35	
		7.3				1.05~1.25	
3	DN300	4.3	萨泰克斯	8	400 （600）	0.90~1.00	950
		5.3				0.80~0.90	
		6.3				0.70~0.80	
		7.3				0.60~0.70	
4	DN350	4.3	萨泰克斯	8	400 （600）	0.80~0.90	850
		5.3				0.70~0.80	
		6.3				0.60~0.70	
		7.3				0.50~0.60	
5	DN400	4.3	萨泰克斯	8	400 （600）	0.65~0.75	850
		5.3				0.55~0.65	
		6.3				0.45~0.55	
		7.3				0.35~0.45	
6	DN450	4.3	萨泰克斯	8	400 （600）	0.60~0.70	800
		5.3				0.50~0.60	
		6.3				0.40~0.50	
		7.3				0.30~0.40	
7	DN500	4.3	萨泰克斯	8	400 （600）	0.60~0.70	800
		5.3				0.50~0.60	
		6.3				0.40~0.50	
		7.3				0.30~0.40	
8	DN550	4.3	萨泰克斯	8	400 （600）	0.50~0.60	650
		5.3				0.40~0.50	
		6.3				0.30~0.40	
		7.3				0.20~0.30	

续表

序号	管径/mm	软管厚度/mm	材料厂家	紫外光灯组		牵引巡航速度/m·min⁻¹	固化压力/mbar
				灯组数量	每盏灯的功率/W		
9	DN600	5.3	萨泰克斯	8	1000	0.80~0.90	650
		6.3				0.70~0.80	
		7.3				0.60~0.70	
		8.3				0.50~0.60	
		9.3				0.50~0.60	
		10.3				0.40~0.50	
		11.3				0.40~0.50	
10	DN700	6.3	萨泰克斯	8	1000	0.60~0.70	550
		7.3				0.55~0.60	
		8.3				0.50~0.60	
		9.3				0.45~0.55	
		10.3				0.30~0.40	
		11.3				0.30~0.40	
11	DN800	7.3	萨泰克斯	12	1000	0.80~0.90	500
		8.3				0.75~0.90	
		9.3				0.60~0.70	
		10.3				0.55~0.65	
		11.3				0.50~0.60	
12	DN900	8.3	萨泰克斯	12	1000	0.60~0.70	450
		9.3				0.50~0.60	
		10.3				0.45~0.55	
		11.3				0.45~0.55	
13	DN1000	8.3	萨泰克斯	12	1000	0.50~0.60	450
		9.3				0.45~0.55	
		10.3				0.35~0.45	
		11.3				0.35~0.45	
14	DN1100	9.3	萨泰克斯	12	1000	0.40~0.50	350
		10.3				0.35~0.45	
		11.3				0.35~0.45	
15	DN1200	10.3	萨泰克斯	12	1000	0.30~0.40	350
		11.3				0.25~0.35	

注：1. 每盏灯的功率栏括号中的数值为可选项，如 400（600），是指一般选用

400W 的灯泡，也可选用 600W 的灯泡。

2. 1mbar=100Pa。

施工记录

施工记录

施工记录